지은이

상큼한 뿌미맘 **차지선**

안녕하세요? '상큼한 뿌미맘' 차지선입니다. 아홉 살 딸 (뿌미), 다섯 살 아들(콩콩이) 두 아이를 남편과 함께 키우고 있는 엄마입니다. 첫째 '뿌미'의 애칭을 따서 '뿌미맘'이에요. 대학을 졸업하고 첫 회사에 다니면서 가계부를 쓰기 시작했어요. 결혼하고 전업주부로 지내면서도 가계부를 계속 써서 어느덧 20년 동안 한 해도 거르지 않고 꾸준히 써왔네요.

가계부를 쓰면서 '푼돈 ⇒ 여윳돈 ⇒ 목돈'이 되는 공식을 직접 체험할 수 있었어요. 제가 엄청 대단한 성공을 거두거나 큰 돈을 모은 건 아니에요. 남의 기준이 아닌 저의 기준, 제 형편과 상황에 맞춰 살면서 적게 벌어도 당당하게, 많이 소비하지 않고도 충만하게 살아가는 방법들을 고민하고 나누고 있어요. 이런 제 이야기를 인스타그램, 유튜브, 네이버 블로그에 솔직하게 올렸더니 많은 분들이 공감과 응원을 해주셨어요. 제 이야기가 큰 도움이 된다는 댓글을 보며 힘을 얻게 되었고 이렇게 제 가계부까지 만들게 되었어요. 모두 여러분 덕분이에요.

평생 친구와 같은 '가계부'를 이제 여러분과 함께 쓰며 소통하고 싶어요. 가계부를 쓰는 법, 지출 관리와 기는 노하우는 물론, 일상의 고민들과 생각들까지 함 나누고 싶어요. 우리 함께 가계부를 쓰면서 돈에 휘둘 않고 '주인'으로 살 수 있도록 같이 노력해봐요.

/ 상큼한 뿌미맘 Minimal TV

그램 / 상큼한 뿌미맘 @freshorangecha

블로그 / 상큼한 뿌미맘

뿌미맘 가계부
Gold Edition

상큼한 뿌미맘 지음

시원
북스

부와 행운을 가져다줄

황금 가계부를

_____에게

드립니다.

20   년   월

Memo	일	월	화

수	목	금	토

이번 달 수입 계획하기

큰 항목	작은 항목	금액	합계
월급			원
월급 외 고정 수입			원
특별 수입			원
합계			원

이번 달 예비비 계획하기

큰 항목	작은 항목	금액	합계
경조사			원
친목			원
			원
여행			원
합계			원

이번 달 고정비 계획하기

큰 항목	작은 항목	금액	합계
공과금	관리비		원
	전기		
	수도		
	가스		
연금 보험 적금	연금		원
	보험		
	적금		
전자 통신	핸드폰 요금		원
	인터넷 요금		
	영상 구독료		
교육	자녀교육(학원비)		원
렌털	각종 렌털 요금		원
용돈	부모님, 가족 용돈		원
대출	주거		원
	자동차		
합계			원

20　　년　　월

항목	⬭ (월)	⬭ (화)	⬭ (수)	⬭ (목)
집밥 (주식+부식)				
외식 (외식+배달)				
생활용품				
의류미용				
병원의료				
자동차				
교통				
휴식여가				
취미계발				
자녀양육				
반려동물				
합계	원	원	원	원

(금)	(토)	(일)	항목별 지출 합계	
			집밥	원
			외식	원
			생활용품	원
			의류미용	원
			병원의료	원
			자동차	원
			교통	원
			휴식여가	원
			취미계발	원
			자녀양육	원
			반려동물	원
				원
				원
				원
원	원	원		원

20 ⬭ 년 ⬭ 월

항목	⬭ [월]	⬭ [화]	⬭ [수]	⬭ [목]
집밥 (주식+부식)				
외식 (외식+배달)				
생활용품				
의류미용				
병원의료				
자동차				
교통				
휴식여가				
취미계발				
자녀양육				
반려동물				
합계	원	원	원	원

(금)	(토)	(일)	항목별 지출 합계	
			집밥	원
			외식	원
			생활용품	원
			의류미용	원
			병원의료	원
			자동차	원
			교통	원
			휴식여가	원
			취미계발	원
			자녀양육	원
			반려동물	원
				원
				원
				원
원	원	원		원

20 [ ] 년 [ ] 월

항목	[ ] (월)	[ ] (화)	[ ] (수)	[ ] (목)
집밥 (주식+부식)				
외식 (외식+배달)				
생활용품				
의류미용				
병원의료				
자동차				
교통				
휴식여가				
취미계발				
자녀양육				
반려동물				
합계	원	원	원	원

(금)	(토)	(일)	항목별 지출 합계	
			집밥	원
			외식	원
			생활용품	원
			의류미용	원
			병원의료	원
			자동차	원
			교통	원
			휴식여가	원
			취미계발	원
			자녀양육	원
			반려동물	원
				원
				원
				원
원	원	원		원

20 ⬭ 년 ⬭ 월

항목	⬭ (월)	⬭ (화)	⬭ (수)	⬭ (목)
집밥 (주식+부식)				
외식 (외식+배달)				
생활용품				
의류미용				
병원의료				
자동차				
교통				
휴식여가				
취미계발				
자녀양육				
반려동물				
합계	원	원	원	원

	(금)	(토)	(일)	항목별 지출 합계	
				집밥	원
				외식	원
				생활용품	원
				의류미용	원
				병원의료	원
				자동차	원
				교통	원
				휴식여가	원
				취미계발	원
				자녀양육	원
				반려동물	원
					원
					원
					원
	원	원	원		원

20 　 년 　 월

항목	◯ (월)	◯ (화)	◯ (수)	◯ (목)
집밥 (주식+부식)				
외식 (외식+배달)				
생활용품				
의류미용				
병원의료				
자동차				
교통				
휴식여가				
취미계발				
자녀양육				
반려동물				
합계	원	원	원	원

(금)	(토)	(일)	항목별 지출 합계	
			집밥	원
			외식	원
			생활용품	원
			의류미용	원
			병원의료	원
			자동차	원
			교통	원
			휴식여가	원
			취미계발	원
			자녀양육	원
			반려동물	원
				원
				원
				원
원	원	원		원

년 월

항목	(월)	(화)	(수)	(목)
집밥 (주식+부식)				
외식 (외식+배달)				
생활용품				
의류미용				
병원의료				
자동차				
교통				
휴식여가				
취미계발				
자녀양육				
반려동물				
합계	원	원	원	원

(금)	(토)	(일)	항목별 지출 합계	
			집밥	원
			외식	원
			생활용품	원
			의류미용	원
			병원의료	원
			자동차	원
			교통	원
			휴식여가	원
			취미계발	원
			자녀양육	원
			반려동물	원
				원
				원
				원
원	원	원		원

20   년   월 결산

월간 우리집 수입 & 지출	
수입	원
저축(신규 예금 등)	원
지출	원
수입 - 저축 - 지출 = 남은 돈	원

실제 월수입 정리

큰 항목	작은 항목	금액	합계
월급			원
월급 외 고정 수입			원
특별 수입			원
합계			원

실제 월지출 정리

① 생활비		② 고정비		③ 예비비	
집밥	원	관리비	원	경조사	원
외식	원	전기	원	친목	원
생활용품	원	수도	원	여행	원
의류미용	원	가스	원		원
병원의료	원	연금	원		원
자동차	원	보험	원		원
교통	원	적금	원		원
휴식여가	원	핸드폰	원		원
취미계발	원	인터넷	원		원
자녀양육	원	영상구독	원		원
반려동물	원	자녀교육	원		원
	원	렌털	원		원
	원	용돈	원		원
	원	주거	원		원
	원	자동차	원		원
	원		원		원
	원		원		원
	원		원		원
	원		원		원
합계	원	합계	원	합계	원

① + ② + ③ =   원

20　　　년　　　월

Memo	일	월	화
	―	―	―
	―	―	―
	―	―	―
	―	―	―
	―	―	―

수	목	금	토
——	——	——	——
——	——	——	——
——	——	——	——
——	——	——	——
——	——	——	——

이번 달 수입 계획하기

큰 항목	작은 항목	금액	합계
월급			원
월급 외 고정 수입			원
특별 수입			원
합계			원

이번 달 예비비 계획하기

큰 항목	작은 항목	금액	합계
경조사			원
친목			원
			원
여행			원
합계			원

이번 달 고정비 계획하기

큰 항목	작은 항목	금액	합계
공과금	관리비		원
	전기		
	수도		
	가스		
연금 보험 적금	연금		원
	보험		
	적금		
전자 통신	핸드폰 요금		원
	인터넷 요금		
	영상 구독료		
교육	자녀교육(학원비)		원
렌털	각종 렌털 요금		원
용돈	부모님, 가족 용돈		원
대출	주거		원
	자동차		
합계			원

20　　　년　　　월

항목	（월）	（화）	（수）	（목）
집밥 (주식+부식)				
외식 (외식+배달)				
생활용품				
의류미용				
병원의료				
자동차				
교통				
휴식여가				
취미계발				
자녀양육				
반려동물				
합계	원	원	원	원

(금)	(토)	(일)	항목별 지출 합계	
			집밥	원
			외식	원
			생활용품	원
			의류미용	원
			병원의료	원
			자동차	원
			교통	원
			휴식여가	원
			취미계발	원
			자녀양육	원
			반려동물	원
				원
				원
				원
원	원	원		원

20 [   ] 년 [   ] 월

항목	[ ] (월)	[ ] (화)	[ ] (수)	[ ] (목)
집밥 [주식+부식]				
외식 [외식+배달]				
생활용품				
의류미용				
병원의료				
자동차				
교통				
휴식여가				
취미계발				
자녀양육				
반려동물				
합계	원	원	원	원

(금)	(토)	(일)	항목별 지출 합계	
			집밥	원
			외식	원
			생활용품	원
			의류미용	원
			병원의료	원
			자동차	원
			교통	원
			휴식여가	원
			취미계발	원
			자녀양육	원
			반려동물	원
				원
				원
				원
원	원	원		원

20____년 ____월

항목	____(월)	____(화)	____(수)	____(목)
집밥 (주식+부식)				
외식 (외식+배달)				
생활용품				
의류미용				
병원의료				
자동차				
교통				
휴식여가				
취미계발				
자녀양육				
반려동물				
합계	원	원	원	원

(금)	(토)	(일)	항목별 지출 합계	
			집밥	원
			외식	원
			생활용품	원
		의류미용	원
			병원의료	원
			자동차	원
			교통	원
			휴식여가	원
			취미계발	원
			자녀양육	원
			반려동물	원
				원
				원
				원
원	원	원		원

20 [   ] 년 [   ] 월

항목	[ ] [월]	[ ] [화]	[ ] [수]	[ ] [목]
집밥 (주식+부식)				
외식 (외식+배달)				
생활용품				
의류미용				
병원의료				
자동차				
교통				
휴식여가				
취미계발				
자녀양육				
반려동물				
합계	원	원	원	원

(금)	(토)	(일)	항목별 지출 합계	
			집밥	원
			외식	원
			생활용품	원
			의류미용	원
			병원의료	원
			자동차	원
			교통	원
			휴식여가	원
			취미계발	원
			자녀양육	원
			반려동물	원
				원
				원
				원
원	원	원		원

20 ___ 년 ___ 월

항목	___ [월]	___ [화]	___ [수]	___ [목]
집밥 (주식+부식)				
외식 (외식+배달)				
생활용품				
의류미용				
병원의료				
자동차				
교통				
휴식여가				
취미계발				
자녀양육				
반려동물				
합계	원	원	원	원

(금)	(토)	(일)	항목별 지출 합계	
			집밥	원
			외식	원
			생활용품	원
			의류미용	원
			병원의료	원
			자동차	원
			교통	원
			휴식여가	원
			취미계발	원
			자녀양육	원
			반려동물	원
				원
				원
				원
원	원	원		원

20　　　년　　　월

항목	◯◯◯ [월]	◯◯◯ [화]	◯◯◯ [수]	◯◯◯ [목]
집밥 (주식+부식)				
외식 (외식+배달)				
생활용품				
의류미용				
병원의료				
자동차				
교통				
휴식여가				
취미계발				
자녀양육				
반려동물				
합계	원	원	원	원

(금)	(토)	(일)	항목별 지출 합계	
			집밥	원
			외식	원
			생활용품	원
			의류미용	원
			병원의료	원
			자동차	원
			교통	원
			휴식여가	원
			취미계발	원
			자녀양육	원
			반려동물	원
				원
				원
				원
원	원	원		원

20◯◯◯ 년 ◯◯ 월 결산

월간 우리집 수입 & 지출	
수입	원
저축(신규 예금 등)	원
지출	원
수입 - 저축 - 지출 = 남은 돈	원

실제 월수입 정리

큰 항목	작은 항목	금액	합계
월급			원
월급 외 고정 수입			원
특별 수입			원
합계			원

실제 월지출 정리

① 생활비		② 고정비		③ 예비비	
집밥	원	관리비	원	경조사	원
외식	원	전기	원	친목	원
생활용품	원	수도	원	여행	원
의류미용	원	가스	원		원
병원의료	원	연금	원		원
자동차	원	보험	원		원
교통	원	적금	원		원
휴식여가	원	핸드폰	원		원
취미계발	원	인터넷	원		원
자녀양육	원	영상구독	원		원
반려동물	원	자녀교육	원		원
	원	렌털	원		원
	원	용돈	원		원
	원	주거	원		원
	원	자동차	원		원
	원		원		원
	원		원		원
	원		원		원
	원		원		원
합계	원	합계	원	합계	원

① + ② + ③ =   원

20   년   월

Memo	일	월	화
	——	——	——
	——	——	——
	——	——	——
	——	——	——
	——	——	——

수	목	금	토

이번 달 수입 계획하기

큰 항목	작은 항목	금액	합계
월급			원
월급 외 고정 수입			원
특별 수입			원
합계			원

이번 달 예비비 계획하기

큰 항목	작은 항목	금액	합계
경조사			원
친목			원
			원
여행			원
합계			원

이번 달 고정비 계획하기

큰 항목	작은 항목	금액	합계
공과금	관리비		원
	전기		
	수도		
	가스		
연금 보험 적금	연금		원
	보험		
	적금		
전자 통신	핸드폰 요금		원
	인터넷 요금		
	영상 구독료		
교육	자녀교육(학원비)		원
렌털	각종 렌털 요금		원
용돈	부모님, 가족 용돈		원
대출	주거		원
	자동차		
합계			원

20◯◯ 년 ◯◯ 월

항목	◯◯ (월)	◯◯ (화)	◯◯ (수)	◯◯ (목)
집밥 (주식+부식)				
외식 (외식+배달)				
생활용품				
의류미용				
병원의료				
자동차				
교통				
휴식여가				
취미계발				
자녀양육				
반려동물				
합계	원	원	원	원

(금)	(토)	(일)	항목별 지출 합계	
			집밥	원
			외식	원
			생활용품	원
			의류미용	원
			병원의료	원
			자동차	원
			교통	원
			휴식여가	원
			취미계발	원
			자녀양육	원
			반려동물	원
				원
				원
				원
원	원	원		원

20 　　　년 　　월

항목	(월)	(화)	(수)	(목)
집밥 (주식+부식)				
외식 (외식+배달)				
생활용품				
의류미용				
병원의료				
자동차				
교통				
휴식여가				
취미계발				
자녀양육				
반려동물				
합계	원	원	원	원

(금)	(토)	(일)	항목별 지출 합계	
			집밥	원
			외식	원
			생활용품	원
			의류미용	원
			병원의료	원
			자동차	원
			교통	원
			휴식여가	원
			취미계발	원
			자녀양육	원
			반려동물	원
				원
				원
				원
원	원	원		원

20◯◯년 ◯월

항목	◯◯[월]	◯◯[화]	◯◯[수]	◯◯[목]
집밥 [주식+부식]				
외식 [외식+배달]				
생활용품				
의류미용				
병원의료				
자동차				
교통				
휴식여가				
취미계발				
자녀양육				
반려동물				
합계	원	원	원	원

(금)	(토)	(일)		항목별 지출 합계
			집밥	원
			외식	원
			생활용품	원
			의류미용	원
			병원의료	원
			자동차	원
			교통	원
			휴식여가	원
			취미계발	원
			자녀양육	원
			반려동물	원
				원
				원
				원
원	원	원		원

20　　　년　　　월

항목	（월）	（화）	（수）	（목）
집밥 [주식+부식]				
외식 [외식+배달]				
생활용품				
의류미용				
병원의료				
자동차				
교통				
휴식여가				
취미계발				
자녀양육				
반려동물				
합계	원	원	원	원

(금)	(토)	(일)	항목별 지출 합계	
			집밥	원
			외식	원
			생활용품	원
			의류미용	원
			병원의료	원
			자동차	원
			교통	원
			휴식여가	원
			취미계발	원
			자녀양육	원
			반려동물	원
				원
				원
				원
원	원	원		원

20   년   월

항목	( ) [월]	( ) [화]	( ) [수]	( ) [목]
집밥 [주식+부식]				
외식 [외식+배달]				
생활용품				
의류미용				
병원의료				
자동차				
교통				
휴식여가				
취미계발				
자녀양육				
반려동물				
합계	원	원	원	원

(금)	(토)	(일)	항목별 지출 합계	
			집밥	원
			외식	원
			생활용품	원
			의류미용	원
			병원의료	원
			자동차	원
			교통	원
			휴식여가	원
			취미계발	원
			자녀양육	원
			반려동물	원
				원
				원
				원
원	원	원		원

20 ⬭ 년 ⬭ 월

항목	⬭ (월)	⬭ (화)	⬭ (수)	⬭ (목)
집밥 [주식+부식]				
외식 [외식+배달]				
생활용품				
의류미용				
병원의료				
자동차				
교통				
휴식여가				
취미계발				
자녀양육				
반려동물				
합계	원	원	원	원

(금)	(토)	(일)	항목별 지출 합계	
			집밥	원
			외식	원
			생활용품	원
			의류미용	원
			병원의료	원
			자동차	원
			교통	원
			휴식여가	원
			취미계발	원
			자녀양육	원
			반려동물	원
				원
				원
				원
원	원	원		원

20 ⬚ 년 ⬚ 월 결산

월간 우리집 수입 & 지출	
수입	원
저축(신규 예금 등)	원
지출	원
수입 - 저축 - 지출 = 남은 돈	원

실제 월수입 정리

큰 항목	작은 항목	금액	합계
월급			원
월급 외 고정 수입			원
특별 수입			원
합계			원

실제 월지출 정리

① 생활비		② 고정비		③ 예비비	
집밥	원	관리비	원	경조사	원
외식	원	전기	원	친목	원
생활용품	원	수도	원	여행	원
의류미용	원	가스	원		원
병원의료	원	연금	원		원
자동차	원	보험	원		원
교통	원	적금	원		원
휴식여가	원	핸드폰	원		원
취미계발	원	인터넷	원		원
자녀양육	원	영상구독	원		원
반려동물	원	자녀교육	원		원
	원	렌털	원		원
	원	용돈	원		원
	원	주거	원		원
	원	자동차	원		원
	원		원		원
	원		원		원
	원		원		원
	원		원		원
합계	원	합계	원	합계	원

① + ② + ③ =   원

20 [ ] 년 [ ] 월

Memo	일	월	화

수	목	금	토

이번 달 수입 계획하기

큰 항목	작은 항목	금액	합계
월급			원
월급 외 고정 수입			원
특별 수입			원
합계			원

이번 달 예비비 계획하기

큰 항목	작은 항목	금액	합계
경조사			원
친목			원
			원
여행			원
합계			원

이번 달 고정비 계획하기

큰 항목	작은 항목	금액	합계
공과금	관리비		원
	전기		
	수도		
	가스		
연금 보험 적금	연금		원
	보험		
	적금		
전자 통신	핸드폰 요금		원
	인터넷 요금		
	영상 구독료		
교육	자녀교육(학원비)		원
렌털	각종 렌털 요금		원
용돈	부모님, 가족 용돈		원
대출	주거		원
	자동차		
합계			원

20 □ 년 □ 월

항목	□ (월)	□ (화)	□ (수)	□ (목)
집밥 (주식+부식)				
외식 (외식+배달)				
생활용품				
의류미용				
병원의료				
자동차				
교통				
휴식여가				
취미계발				
자녀양육				
반려동물				
합계	원	원	원	원

[금]	[토]	[일]	항목별 지출 합계	
			집밥	원
			외식	원
			생활용품	원
			의류미용	원
			병원의료	원
			자동차	원
			교통	원
			휴식여가	원
			취미계발	원
			자녀양육	원
			반려동물	원
				원
				원
				원
원	원	원		원

20 ___ 년 ___ 월

항목	___ [월]	___ [화]	___ [수]	___ [목]
집밥 [주식+부식]				
외식 [외식+배달]				
생활용품				
의류미용				
병원의료				
자동차				
교통				
휴식여가				
취미계발				
자녀양육				
반려동물				
합계	원	원	원	원

(금)	(토)	(일)	항목별 지출 합계	
			집밥	원
			외식	원
			생활용품	원
			의류미용	원
			병원의료	원
			자동차	원
			교통	원
			휴식여가	원
			취미계발	원
			자녀양육	원
			반려동물	원
				원
				원
				원
원	원	원		원

20 □□ 년 □ 월

항목	□ [월]	□ [화]	□ [수]	□ [목]
집밥 (주식+부식)				
외식 (외식+배달)				
생활용품				
의류미용				
병원의료				
자동차				
교통				
휴식여가				
취미계발				
자녀양육				
반려동물				
합계	원	원	원	원

(금)	(토)	(일)	항목별 지출 합계	
			집밥	원
			외식	원
			생활용품	원
			의류미용	원
			병원의료	원
			자동차	원
			교통	원
			휴식여가	원
			취미계발	원
			자녀양육	원
			반려동물	원
				원
				원
				원
원	원	원		원

20 ___ 년 ___ 월

항목	( ) [월]	( ) [화]	( ) [수]	( ) [목]
집밥 [주식+부식]				
외식 [외식+배달]				
생활용품				
의류미용				
병원의료				
자동차				
교통				
휴식여가				
취미계발				
자녀양육				
반려동물				
합계	원	원	원	원

(금)	(토)	(일)	항목별 지출 합계	
			집밥	원
			외식	원
			생활용품	원
			의류미용	원
			병원의료	원
			자동차	원
			교통	원
			휴식여가	원
			취미계발	원
			자녀양육	원
			반려동물	원
				원
				원
				원
원	원	원		원

20 [   ] 년 [   ] 월

항목	[ ] (월)	[ ] (화)	[ ] (수)	[ ] (목)
집밥 (주식+부식)				
외식 (외식+배달)				
생활용품				
의류미용				
병원의료				
자동차				
교통				
휴식여가				
취미계발				
자녀양육				
반려동물				
합계	원	원	원	원

(금)	(토)	(일)	항목별 지출 합계	
			집밥	원
			외식	원
			생활용품	원
			의류미용	원
			병원의료	원
			자동차	원
			교통	원
			휴식여가	원
			취미계발	원
			자녀양육	원
			반려동물	원
				원
				원
				원
원	원	원		원

20   년   월

항목	(월)	(화)	(수)	(목)
집밥 (주식+부식)				
외식 (외식+배달)				
생활용품				
의류미용				
병원의료				
자동차				
교통				
휴식여가				
취미계발				
자녀양육				
반려동물				
합계	원	원	원	원

(금)	(토)	(일)	항목별 지출 합계	
			집밥	원
			외식	원
			생활용품	원
			의류미용	원
			병원의료	원
			자동차	원
			교통	원
			휴식여가	원
			취미계발	원
			자녀양육	원
			반려동물	원
				원
				원
				원
원	원	원		원

20　　　년　　월 결산

월간 우리집 수입 & 지출	
수입	원
저축(신규 예금 등)	원
지출	원
수입 - 저축 - 지출 = 남은 돈	원

실제 월수입 정리

큰 항목	작은 항목	금액	합계
월급			원
월급 외 고정 수입			원
특별 수입			원
합계			원

실제 월지출 정리

① 생활비		② 고정비		③ 예비비	
집밥	원	관리비	원	경조사	원
외식	원	전기	원	친목	원
생활용품	원	수도	원	여행	원
의류미용	원	가스	원		원
병원의료	원	연금	원		원
자동차	원	보험	원		원
교통	원	적금	원		원
휴식여가	원	핸드폰	원		원
취미계발	원	인터넷	원		원
자녀양육	원	영상구독	원		원
반려동물	원	자녀교육	원		원
	원	렌털	원		원
	원	용돈	원		원
	원	주거	원		원
	원	자동차	원		원
	원		원		원
	원		원		원
	원		원		원
	원		원		원
합계	원	합계	원	합계	원

① + ② + ③ =   원

20   년   월

Memo	일	월	화

수	목	금	토
수	목	금	토

이번 달 수입 계획하기

큰 항목	작은 항목	금액	합계
월급			원
월급 외 고정 수입			원
특별 수입			원
합계			원

이번 달 예비비 계획하기

큰 항목	작은 항목	금액	합계
경조사			원
친목			원
			원
여행			원
합계			원

이번 달 고정비 계획하기

큰 항목	작은 항목	금액	합계
공과금	관리비		원
	전기		
	수도		
	가스		
연금 보험 적금	연금		원
	보험		
	적금		
전자 통신	핸드폰 요금		원
	인터넷 요금		
	영상 구독료		
교육	자녀교육(학원비)		원
렌털	각종 렌털 요금		원
용돈	부모님, 가족 용돈		원
대출	주거		원
	자동차		
합계			원

20　　　　년　　　월

항목	（월）	（화）	（수）	（목）
집밥 (주식+부식)				
외식 (외식+배달)				
생활용품				
의류미용				
병원의료				
자동차				
교통				
휴식여가				
취미계발				
자녀양육				
반려동물				
합계	원	원	원	원

[금]	[토]	[일]	항목별 지출 합계	
			집밥	원
			외식	원
			생활용품	원
			의류미용	원
			병원의료	원
			자동차	원
			교통	원
			휴식여가	원
			취미계발	원
			자녀양육	원
			반려동물	원
				원
				원
				원
원	원	원		원

20 ⬭ 년 ⬭ 월

항목	⬭ (월)	⬭ (화)	⬭ (수)	⬭ (목)
집밥 (주식+부식)				
외식 (외식+배달)				
생활용품				
의류미용				
병원의료				
자동차				
교통				
휴식여가				
취미계발				
자녀양육				
반려동물				
합계	원	원	원	원

(금)	(토)	(일)	항목별 지출 합계	
			집밥	원
			외식	원
			생활용품	원
			의류미용	원
			병원의료	원
			자동차	원
			교통	원
			휴식여가	원
			취미계발	원
			자녀양육	원
			반려동물	원
				원
				원
				원
원	원	원		원

20 ⬜ 년 ⬜ 월

항목	⬜ [월]	⬜ [화]	⬜ [수]	⬜ [목]
집밥 (주식+부식)				
외식 (외식+배달)				
생활용품				
의류미용				
병원의료				
자동차				
교통				
휴식여가				
취미계발				
자녀양육				
반려동물				
합계	원	원	원	원

(금)	(토)	(일)	항목별 지출 합계	
			집밥	원
			외식	원
			생활용품	원
			의류미용	원
			병원의료	원
			자동차	원
			교통	원
			휴식여가	원
			취미계발	원
			자녀양육	원
			반려동물	원
				원
				원
				원
원	원	원		원

20　　　년　　월

항목	(월)	(화)	(수)	(목)
집밥 (주식+부식)				
외식 (외식+배달)				
생활용품				
의류미용				
병원의료				
자동차				
교통				
휴식여가				
취미계발				
자녀양육				
반려동물				
합계	원	원	원	원

(금)	(토)	(일)	항목별 지출 합계	
			집밥	원
			외식	원
			생활용품	원
			의류미용	원
			병원의료	원
			자동차	원
			교통	원
			휴식여가	원
			취미계발	원
			자녀양육	원
			반려동물	원
				원
				원
				원
원	원	원		원

20　　　년　　　월

항목	(월)	(화)	(수)	(목)
집밥 (주식+부식)				
외식 (외식+배달)				
생활용품				
의류미용				
병원의료				
자동차				
교통				
휴식여가				
취미계발				
자녀양육				
반려동물				
합계	원	원	원	원

(금)	(토)	(일)	항목별 지출 합계	
			집밥	원
			외식	원
			생활용품	원
			의류미용	원
			병원의료	원
			자동차	원
			교통	원
			휴식여가	원
			취미계발	원
			자녀양육	원
			반려동물	원
				원
				원
				원
원	원	원		원

20 년 월

항목	(월)	(화)	(수)	(목)
집밥 (주식+부식)				
외식 (외식+배달)				
생활용품				
의류미용				
병원의료				
자동차				
교통				
휴식여가				
취미계발				
자녀양육				
반려동물				
합계	원	원	원	원

(금)	(토)	(일)	항목별 지출 합계	
			집밥	원
			외식	원
			생활용품	원
			의류미용	원
			병원의료	원
			자동차	원
			교통	원
			휴식여가	원
			취미계발	원
			자녀양육	원
			반려동물	원
				원
				원
				원
원	원	원		원

20 ⬜⬜⬜ 년 ⬜⬜ 월 결산

월간 우리집 수입 & 지출		
수입		원
저축(신규 예금 등)		원
지출		원
수입 – 저축 – 지출 = 남은 돈		원

실제 월수입 정리

큰 항목	작은 항목	금액	합계
월급			원
월급 외 고정 수입			원
특별 수입			원
합계			원

실제 월지출 정리

① 생활비		② 고정비		③ 예비비	
집밥	원	관리비	원	경조사	원
외식	원	전기	원	친목	원
생활용품	원	수도	원	여행	원
의류미용	원	가스	원		원
병원의료	원	연금	원		원
자동차	원	보험	원		원
교통	원	적금	원		원
휴식여가	원	핸드폰	원		원
취미계발	원	인터넷	원		원
자녀양육	원	영상구독	원		원
반려동물	원	자녀교육	원		원
	원	렌털	원		원
	원	용돈	원		원
	원	주거	원		원
	원	자동차	원		원
	원		원		원
	원		원		원
	원		원		원
	원		원		원
합계	원	합계	원	합계	원

① + ② + ③ =   원

20　　　년　　　월

	일	월	화
Memo			

수	목	금	토
____	____	____	____
____	____	____	____
____	____	____	____
____	____	____	____
____	____	____	____

이번 달 수입 계획하기

큰 항목	작은 항목	금액	합계
월급			원
월급 외 고정 수입			원
특별 수입			원
합계			원

이번 달 예비비 계획하기

큰 항목	작은 항목	금액	합계
경조사			원
친목			원
			원
여행			원
합계			원

이번 달 고정비 계획하기

큰 항목	작은 항목	금액	합계
공과금	관리비		원
	전기		
	수도		
	가스		
연금 보험 적금	연금		원
	보험		
	적금		
전자 통신	핸드폰 요금		원
	인터넷 요금		
	영상 구독료		
교육	자녀교육(학원비)		원
렌털	각종 렌털 요금		원
용돈	부모님, 가족 용돈		원
대출	주거		원
	자동차		
합계			원

20◻◻◻◻ 년 ◻◻ 월

항목	◻◻ [월]	◻◻ [화]	◻◻ [수]	◻◻ [목]
집밥 [주식+부식]				
외식 [외식+배달]				
생활용품				
의류미용				
병원의료				
자동차				
교통				
휴식여가				
취미계발				
자녀양육				
반려동물				
합계	원	원	원	원

（금）	（토）	（일）	항목별 지출 합계	
			집밥	원
			외식	원
			생활용품	원
			의류미용	원
			병원의료	원
			자동차	원
			교통	원
			휴식여가	원
			취미계발	원
			자녀양육	원
			반려동물	원
				원
				원
				원
원	원	원		원

20　　　년　　　월

항목	（월）	（화）	（수）	（목）
집밥 [주식+부식]				
외식 [외식+배달]				
생활용품				
의류미용				
병원의료				
자동차				
교통				
휴식여가				
취미계발				
자녀양육				
반려동물				
합계	원	원	원	원

(금)	(토)	(일)	항목별 지출 합계	
			집밥	원
			외식	원
			생활용품	원
			의류미용	원
			병원의료	원
			자동차	원
			교통	원
			휴식여가	원
			취미계발	원
			자녀양육	원
			반려동물	원
				원
				원
				원
원	원	원		원

20⬜년 ⬜월

항목	⬜(월)	⬜(화)	⬜(수)	⬜(목)
집밥 (주식+부식)				
외식 (외식+배달)				
생활용품				
의류미용				
병원의료				
자동차				
교통				
휴식여가				
취미계발				
자녀양육				
반려동물				
합계	원	원	원	원

(금)	(토)	(일)	항목별 지출 합계	
			집밥	원
			외식	원
			생활용품	원
			의류미용	원
			병원의료	원
			자동차	원
			교통	원
			휴식여가	원
			취미계발	원
			자녀양육	원
			반려동물	원
				원
				원
				원
원	원	원		원

20 □ 년 □ 월

항목	◯ (월)	◯ (화)	◯ (수)	◯ (목)
집밥 (주식+부식)				
외식 (외식+배달)				
생활용품				
의류미용				
병원의료				
자동차				
교통				
휴식여가				
취미계발				
자녀양육				
반려동물				
합계	원	원	원	원

(금)	(토)	(일)	항목별 지출 합계	
			집밥	원
			외식	원
			생활용품	원
			의류미용	원
			병원의료	원
			자동차	원
			교통	원
			휴식여가	원
			취미계발	원
			자녀양육	원
			반려동물	원
				원
				원
				원
원	원	원		원

20 ⬚ 년 ⬚ 월

항목	⬚ (월)	⬚ (화)	⬚ (수)	⬚ (목)
집밥 (주식+부식)				
외식 (외식+배달)				
생활용품				
의류미용				
병원의료				
자동차				
교통				
휴식여가				
취미계발				
자녀양육				
반려동물				
합계	원	원	원	원

(금)	(토)	(일)	항목별 지출 합계	
			집밥	원
			외식	원
			생활용품	원
			의류미용	원
			병원의료	원
			자동차	원
			교통	원
			휴식여가	원
			취미계발	원
			자녀양육	원
			반려동물	원
				원
				원
				원
원	원	원		원

20 년 월

항목	(월)	(화)	(수)	(목)
집밥 (주식+부식)				
외식 (외식+배달)				
생활용품				
의류미용				
병원의료				
자동차				
교통				
휴식여가				
취미계발				
자녀양육				
반려동물				
합계	원	원	원	원

(금)	(토)	(일)	항목별 지출 합계	
			집밥	원
			외식	원
			생활용품	원
			의류미용	원
			병원의료	원
			자동차	원
			교통	원
			휴식여가	원
			취미계발	원
			자녀양육	원
			반려동물	원
				원
				원
				원
원	원	원		원

20◯◯◯년 ◯◯월 결산

월간 우리집 수입 & 지출	
수입	원
저축(신규 예금 등)	원
지출	원
수입 - 저축 - 지출 = 남은 돈	원

실제 월수입 정리

큰 항목	작은 항목	금액	합계
월급			원
월급 외 고정 수입			원
특별 수입			원
합계			원

실제 월지출 정리

① 생활비		② 고정비		③ 예비비	
집밥	원	관리비	원	경조사	원
외식	원	전기	원	친목	원
생활용품	원	수도	원	여행	원
의류미용	원	가스	원		원
병원의료	원	연금	원		원
자동차	원	보험	원		원
교통	원	적금	원		원
휴식여가	원	핸드폰	원		원
취미계발	원	인터넷	원		원
자녀양육	원	영상구독	원		원
반려동물	원	자녀교육	원		원
	원	렌탈	원		원
	원	용돈	원		원
	원	주거	원		원
	원	자동차	원		원
	원		원		원
	원		원		원
	원		원		원
	원		원		원
합계	원	합계	원	합계	원

① + ② + ③ =   원

20 □□ 년 □□ 월

Memo	일	월	화
	―	―	―
	―	―	―
	―	―	―
	―	―	―
	―	―	―

수	목	금	토
___	___	___	___
___	___	___	___
___	___	___	___
___	___	___	___
___	___	___	___

이번 달 수입 계획하기

큰 항목	작은 항목	금액	합계
월급			원
월급 외 고정 수입			원
특별 수입			원
합계			원

이번 달 예비비 계획하기

큰 항목	작은 항목	금액	합계
경조사			원
친목			원
			원
여행			원
합계			원

이번 달 고정비 계획하기

큰 항목	작은 항목	금액	합계
공과금	관리비		원
	전기		
	수도		
	가스		
연금 보험 적금	연금		원
	보험		
	적금		
전자 통신	핸드폰 요금		원
	인터넷 요금		
	영상 구독료		
교육	자녀교육(학원비)		원
렌털	각종 렌털 요금		원
용돈	부모님, 가족 용돈		원
대출	주거		원
	자동차		
합계			원

20 ◯◯ 년 ◯◯ 월

항목	◯◯ [월]	◯◯ [화]	◯◯ [수]	◯◯ [목]
집밥 [주식+부식]				
외식 [외식+배달]				
생활용품				
의류미용				
병원의료				
자동차				
교통				
휴식여가				
취미계발				
자녀양육				
반려동물				
합계	원	원	원	원

(금)	(토)	(일)	항목별 지출 합계	
			집밥	원
			외식	원
			생활용품	원
			의류미용	원
			병원의료	원
			자동차	원
			교통	원
			휴식여가	원
			취미계발	원
			자녀양육	원
			반려동물	원
				원
				원
				원
원	원	원		원

20 ◯◯년 ◯◯월

항목	◯ (월)	◯ (화)	◯ (수)	◯ (목)
집밥 (주식+부식)				
외식 (외식+배달)				
생활용품				
의류미용				
병원의료				
자동차				
교통				
휴식여가				
취미계발				
자녀양육				
반려동물				
합계	원	원	원	원

(금)	(토)	(일)	항목별 지출 합계	
			집밥	원
			외식	원
			생활용품	원
			의류미용	원
			병원의료	원
			자동차	원
			교통	원
			휴식여가	원
			취미계발	원
			자녀양육	원
			반려동물	원
				원
				원
				원
원	원	원		원

20 년 월

항목	(월)	(화)	(수)	(목)
집밥 (주식+부식)				
외식 (외식+배달)				
생활용품				
의류미용				
병원의료				
자동차				
교통				
휴식여가				
취미계발				
자녀양육				
반려동물				
합계	원	원	원	원

（금）	（토）	（일）	항목별 지출 합계	
			집밥	원
			외식	원
			생활용품	원
			의류미용	원
			병원의료	원
			자동차	원
			교통	원
			휴식여가	원
			취미계발	원
			자녀양육	원
			반려동물	원
				원
				원
				원
원	원	원		원

20 ___ 년 ___ 월

항목	___ (월)	___ (화)	___ (수)	___ (목)
집밥 [주식+부식]				
외식 [외식+배달]				
생활용품				
의류미용				
병원의료				
자동차				
교통				
휴식여가				
취미계발				
자녀양육				
반려동물				
합계	원	원	원	원

( ) (금)	( ) (토)	( ) (일)	항목별 지출 합계	
			집밥	원
			외식	원
			생활용품	원
			의류미용	원
			병원의료	원
			자동차	원
			교통	원
			휴식여가	원
			취미계발	원
			자녀양육	원
			반려동물	원
				원
				원
				원
원	원	원		원

20　　　년　　　월

항목	（월）	（화）	（수）	（목）
집밥 (주식+부식)				
외식 (외식+배달)				
생활용품				
의류미용				
병원의료				
자동차				
교통				
휴식여가				
취미계발				
자녀양육				
반려동물				
합계	원	원	원	원

(금)	(토)	(일)		항목별 지출 합계
			집밥	원
			외식	원
			생활용품	원
			의류미용	원
			병원의료	원
			자동차	원
			교통	원
			휴식여가	원
			취미계발	원
			자녀양육	원
			반려동물	원
				원
				원
				원
원	원	원		원

20 ⬜ 년 ⬜ 월

항목	⬜ (월)	⬜ (화)	⬜ (수)	⬜ (목)
집밥 (주식+부식)				
외식 (외식+배달)				
생활용품				
의류미용				
병원의료				
자동차				
교통				
휴식여가				
취미계발				
자녀양육				
반려동물				
합계	원	원	원	원

(금)	(토)	(일)	항목별 지출 합계	
			집밥	원
			외식	원
			생활용품	원
			의류미용	원
			병원의료	원
			자동차	원
			교통	원
			휴식여가	원
			취미계발	원
			자녀양육	원
			반려동물	원
				원
				원
				원
원	원	원		원

20 [ ] 년 [ ] 월 결산

월간 우리집 수입 & 지출	
수입	원
저축(신규 예금 등)	원
지출	원
수입 - 저축 - 지출 = 남은 돈	원

실제 월수입 정리

큰 항목	작은 항목	금액	합계
월급			원
월급 외 고정 수입			원
특별 수입			원
합계			원

실제 월지출 정리

① 생활비		② 고정비		③ 예비비	
집밥	원	관리비	원	경조사	원
외식	원	전기	원	친목	원
생활용품	원	수도	원	여행	원
의류미용	원	가스	원		원
병원의료	원	연금	원		원
자동차	원	보험	원		원
교통	원	적금	원		원
휴식여가	원	핸드폰	원		원
취미계발	원	인터넷	원		원
자녀양육	원	영상구독	원		원
반려동물	원	자녀교육	원		원
	원	렌털	원		원
	원	용돈	원		원
	원	주거	원		원
	원	자동차	원		원
	원		원		원
	원		원		원
	원		원		원
	원		원		원
합계	원	합계	원	합계	원

① + ② + ③ =   원

20   년   월

Memo	일	월	화

수	목	금	토

이번 달 수입 계획하기

큰 항목	작은 항목	금액	합계
월급			원
월급 외 고정 수입			원
특별 수입			원
합계			원

이번 달 예비비 계획하기

큰 항목	작은 항목	금액	합계
경조사			원
친목			원
			원
여행			원
합계			원

이번 달 고정비 계획하기

큰 항목	작은 항목	금액	합계
공과금	관리비		원
	전기		
	수도		
	가스		
연금 보험 적금	연금		원
	보험		
	적금		
전자 통신	핸드폰 요금		원
	인터넷 요금		
	영상 구독료		
교육	자녀교육(학원비)		원
렌탈	각종 렌탈 요금		원
용돈	부모님, 가족 용돈		원
대출	주거		원
	자동차		
합계			원

20　　　년　　월

항목	(월)	(화)	(수)	(목)
집밥 (주식+부식)				
외식 (외식+배달)				
생활용품				
의류미용				
병원의료				
자동차				
교통				
휴식여가				
취미계발				
자녀양육				
반려동물				
합계	원	원	원	원

(금)	(토)	(일)	항목별 지출 합계	
			집밥	원
			외식	원
			생활용품	원
			의류미용	원
			병원의료	원
			자동차	원
			교통	원
			휴식여가	원
			취미계발	원
			자녀양육	원
			반려동물	원
				원
				원
				원
원	원	원		원

20　　년　　월

항목	⬭(월)	⬭(화)	⬭(수)	⬭(목)
집밥 (주식+부식)				
외식 (외식+배달)				
생활용품				
의류미용				
병원의료				
자동차				
교통				
휴식여가				
취미계발				
자녀양육				
반려동물				
합계	원	원	원	원

(금)	(토)	(일)	항목별 지출 합계	
			집밥	원
			외식	원
			생활용품	원
			의류미용	원
			병원의료	원
			자동차	원
			교통	원
			휴식여가	원
			취미계발	원
			자녀양육	원
			반려동물	원
				원
				원
				원
원	원	원		원

20 ⬚ 년 ⬚ 월

항목	⬚ (월)	⬚ (화)	⬚ (수)	⬚ (목)
집밥 (주식+부식)				
외식 (외식+배달)				
생활용품				
의류미용				
병원의료				
자동차				
교통				
휴식여가				
취미계발				
자녀양육				
반려동물				
합계	원	원	원	원

(금)	(토)	(일)	항목별 지출 합계	
			집밥	원
			외식	원
			생활용품	원
			의류미용	원
			병원의료	원
			자동차	원
			교통	원
			휴식여가	원
			취미계발	원
			자녀양육	원
			반려동물	원
				원
				원
				원
원	원	원		원

20[   ]년 [   ]월

항목	[ ](월)	[ ](화)	[ ](수)	[ ](목)
집밥 [주식+부식]				
외식 [외식+배달]				
생활용품				
의류미용				
병원의료				
자동차				
교통				
휴식여가				
취미계발				
자녀양육				
반려동물				
합계	원	원	원	원

(금)	(토)	(일)	항목별 지출 합계	
			집밥	원
			외식	원
			생활용품	원
			의류미용	원
			병원의료	원
			자동차	원
			교통	원
			휴식여가	원
			취미계발	원
			자녀양육	원
			반려동물	원
				원
				원
				원
원	원	원		원

20 ◯◯◯◯ 년 ◯◯ 월

항목	◯◯ [월]	◯◯ [화]	◯◯ [수]	◯◯ [목]
집밥 (주식+부식)				
외식 (외식+배달)				
생활용품				
의류미용				
병원의료				
자동차				
교통				
휴식여가				
취미계발				
자녀양육				
반려동물				
합계	원	원	원	원

(금)	(토)	(일)	항목별 지출 합계	
			집밥	원
			외식	원
			생활용품	원
			의류미용	원
			병원의료	원
			자동차	원
			교통	원
			휴식여가	원
			취미계발	원
			자녀양육	원
			반려동물	원
				원
				원
				원
원	원	원		원

20 _____ 년 _____ 월

항목	_____ (월)	_____ (화)	_____ (수)	_____ (목)
집밥 (주식+부식)				
외식 (외식+배달)				
생활용품				
의류미용				
병원의료				
자동차				
교통				
휴식여가				
취미계발				
자녀양육				
반려동물				
합계	원	원	원	원

(금)	(토)	(일)	항목별 지출 합계	
			집밥	원
			외식	원
			생활용품	원
			의류미용	원
			병원의료	원
			자동차	원
			교통	원
			휴식여가	원
			취미계발	원
			자녀양육	원
			반려동물	원
				원
				원
				원
원	원	원		원

20◻◻◻년 ◻◻월 결산

월간 우리집 수입 & 지출	
수입	원
저축(신규 예금 등)	원
지출	원
수입 – 저축 – 지출 = 남은 돈	원

실제 월수입 정리

큰 항목	작은 항목	금액	합계
월급			원
월급 외 고정 수입			원
특별 수입			원
합계			원

실제 월지출 정리

① 생활비		② 고정비		③ 예비비	
집밥	원	관리비	원	경조사	원
외식	원	전기	원	친목	원
생활용품	원	수도	원	여행	원
의류미용	원	가스	원		원
병원의료	원	연금	원		원
자동차	원	보험	원		원
교통	원	적금	원		원
휴식여가	원	핸드폰	원		원
취미계발	원	인터넷	원		원
자녀양육	원	영상구독	원		원
반려동물	원	자녀교육	원		원
	원	렌털	원		원
	원	용돈	원		원
	원	주거	원		원
	원	자동차	원		원
	원		원		원
	원		원		원
	원		원		원
	원		원		원
합계	원	합계	원	합계	원

① + ② + ③ =   원

20 ☐ 년 ☐ 월

Memo	일	월	화

수	목	금	토

이번 달 수입 계획하기

큰 항목	작은 항목	금액	합계
월급			원
월급 외 고정 수입			원
특별 수입			원
합계			원

이번 달 예비비 계획하기

큰 항목	작은 항목	금액	합계
경조사			원
친목			원
			원
여행			원
합계			원

이번 달 고정비 계획하기

큰 항목	작은 항목	금액	합계
공과금	관리비		
	전기		
	수도		
	가스		
			원
연금 보험 적금	연금		
	보험		
	적금		
			원
전자 통신	핸드폰 요금		
	인터넷 요금		
	영상 구독료		
			원
교육	자녀교육(학원비)		원
렌털	각종 렌털 요금		원
용돈	부모님, 가족 용돈		원
대출	주거		
	자동차		
			원
합계			원

20◯◯ 년 ◯◯ 월

항목	◯◯ (월)	◯◯ (화)	◯◯ (수)	◯◯ (목)
집밥 (주식+부식)				
외식 (외식+배달)				
생활용품				
의류미용				
병원의료				
자동차				
교통				
휴식여가				
취미계발				
자녀양육				
반려동물				
합계	원	원	원	원

(금)	(토)	(일)	항목별 지출 합계	
			집밥	원
			외식	원
			생활용품	원
			의류미용	원
			병원의료	원
			자동차	원
			교통	원
			휴식여가	원
			취미계발	원
			자녀양육	원
			반려동물	원
				원
				원
				원
원	원	원		원

20　　　년　　　월

항목	◯◯◯(월)	◯◯◯(화)	◯◯◯(수)	◯◯◯(목)
집밥 (주식+부식)				
외식 (외식+배달)				
생활용품				
의류미용				
병원의료				
자동차				
교통				
휴식여가				
취미계발				
자녀양육				
반려동물				
합계	원	원	원	원

(금)	(토)	(일)	항목별 지출 합계	
			집밥	원
			외식	원
			생활용품	원
			의류미용	원
			병원의료	원
			자동차	원
			교통	원
			휴식여가	원
			취미계발	원
			자녀양육	원
			반려동물	원
				원
				원
				원
원	원	원		원

20　　　년　　　월

항목	(월)	(화)	(수)	(목)
집밥 (주식+부식)				
외식 (외식+배달)				
생활용품				
의류미용				
병원의료				
자동차				
교통				
휴식여가				
취미계발				
자녀양육				
반려동물				
합계	원	원	원	원

(금)	(토)	(일)	항목별 지출 합계	
			집밥	원
			외식	원
			생활용품	원
			의류미용	원
			병원의료	원
			자동차	원
			교통	원
			휴식여가	원
			취미계발	원
			자녀양육	원
			반려동물	원
				원
				원
				원
원	원	원		원

20◯◯년 ◯◯월

항목	◯◯(월)	◯◯(화)	◯◯(수)	◯◯(목)
집밥 (주식+부식)				
외식 (외식+배달)				
생활용품				
의류미용				
병원의료				
자동차				
교통				
휴식여가				
취미계발				
자녀양육				
반려동물				
합계	원	원	원	원

(금)	(토)	(일)	항목별 지출 합계	
			집밥	원
			외식	원
			생활용품	원
			의류미용	원
			병원의료	원
			자동차	원
			교통	원
			휴식여가	원
			취미계발	원
			자녀양육	원
			반려동물	원
				원
				원
				원
원	원	원		원

항목	___ [월]	___ [화]	___ [수]	___ [목]
집밥 [주식+부식]				
외식 [외식+배달]				
생활용품				
의류미용				
병원의료				
자동차				
교통				
휴식여가				
취미계발				
자녀양육				
반려동물				
합계	원	원	원	원

20 ___ 년 ___ 월

(금)	(토)	(일)	항목별 지출 합계	
			집밥	원
			외식	원
			생활용품	원
			의류미용	원
			병원의료	원
			자동차	원
			교통	원
			휴식여가	원
			취미계발	원
			자녀양육	원
			반려동물	원
				원
				원
				원
원	원	원		원

20 [   ] 년 [   ] 월

항목	[ ] (월)	[ ] (화)	[ ] (수)	[ ] (목)
집밥 (주식+부식)				
외식 (외식+배달)				
생활용품				
의류미용				
병원의료				
자동차				
교통				
휴식여가				
취미계발				
자녀양육				
반려동물				
합계	원	원	원	원

(금)	(토)	(일)	항목별 지출 합계	
			집밥	원
			외식	원
			생활용품	원
			의류미용	원
			병원의료	원
			자동차	원
			교통	원
			휴식여가	원
			취미계발	원
			자녀양육	원
			반려동물	원
				원
				원
				원
원	원	원		원

20 ___ 년 ___ 월 결산

월간 우리집 수입 & 지출	
수입	원
저축(신규 예금 등)	원
지출	원
수입 - 저축 - 지출 = 남은 돈	원

실제 월수입 정리

큰 항목	작은 항목	금액	합계
월급			
			원
월급 외 고정 수입			
			원
특별 수입			
			원
합계			원

실제 월지출 정리

① 생활비		② 고정비		③ 예비비	
집밥	원	관리비	원	경조사	원
외식	원	전기	원	친목	원
생활용품	원	수도	원	여행	원
의류미용	원	가스	원		원
병원의료	원	연금	원		원
자동차	원	보험	원		원
교통	원	적금	원		원
휴식여가	원	핸드폰	원		원
취미계발	원	인터넷	원		원
자녀양육	원	영상구독	원		원
반려동물	원	자녀교육	원		원
	원	렌털	원		원
	원	용돈	원		원
	원	주거	원		원
	원	자동차	원		원
	원		원		원
	원		원		원
	원		원		원
	원		원		원
합계	원	합계	원	합계	원

① + ② + ③ =   원

20   **년**   **월**

Memo	일	월	화

수	목	금	토

이번 달 수입 계획하기

큰 항목	작은 항목	금액	합계
월급			원
월급 외 고정 수입			원
특별 수입			원
합계			원

이번 달 예비비 계획하기

큰 항목	작은 항목	금액	합계
경조사			원
친목			원
			원
여행			원
합계			원

이번 달 고정비 계획하기

큰 항목	작은 항목	금액	합계
공과금	관리비		원
	전기		
	수도		
	가스		
연금 보험 적금	연금		원
	보험		
	적금		
전자 통신	핸드폰 요금		원
	인터넷 요금		
	영상 구독료		
교육	자녀교육(학원비)		원
렌탈	각종 렌탈 요금		원
용돈	부모님, 가족 용돈		원
대출	주거		원
	자동차		
합계			원

20[ ]년 [ ]월

항목	[ ](월)	[ ](화)	[ ](수)	[ ](목)
집밥 (주식+부식)				
외식 (외식+배달)				
생활용품				
의류미용				
병원의료				
자동차				
교통				
휴식여가				
취미계발				
자녀양육				
반려동물				
합계	원	원	원	원

(금)	(토)	(일)	항목별 지출 합계	
			집밥	원
			외식	원
			생활용품	원
			의류미용	원
			병원의료	원
			자동차	원
			교통	원
			휴식여가	원
			취미계발	원
			자녀양육	원
			반려동물	원
				원
				원
				원
원	원	원		원

20⬚⬚⬚년 ⬚⬚월

항목	⬚⬚⬚(월)	⬚⬚⬚(화)	⬚⬚⬚(수)	⬚⬚⬚(목)
집밥 (주식+부식)				
외식 (외식+배달)				
생활용품				
의류미용				
병원의료				
자동차				
교통				
휴식여가				
취미계발				
자녀양육				
반려동물				
합계	원	원	원	원

(금)	(토)	(일)	항목별 지출 합계	
			집밥	원
			외식	원
			생활용품	원
			의류미용	원
			병원의료	원
			자동차	원
			교통	원
			휴식여가	원
			취미계발	원
			자녀양육	원
			반려동물	원
				원
				원
				원
원	원	원		원

20   년   월

항목	⬭ (월)	⬭ (화)	⬭ (수)	⬭ (목)
집밥 (주식+부식)				
외식 (외식+배달)				
생활용품				
의류미용				
병원의료				
자동차				
교통				
휴식여가				
취미계발				
자녀양육				
반려동물				
합계	원	원	원	원

(금)	(토)	(일)	항목별 지출 합계	
			집밥	원
			외식	원
			생활용품	원
			의류미용	원
			병원의료	원
			자동차	원
			교통	원
			휴식여가	원
			취미계발	원
			자녀양육	원
			반려동물	원
				원
				원
				원
원	원	원		원

20   년   월

항목	(월)	(화)	(수)	(목)
집밥 (주식+부식)				
외식 (외식+배달)				
생활용품				
의류미용				
병원의료				
자동차				
교통				
휴식여가				
취미계발				
자녀양육				
반려동물				
합계	원	원	원	원

(금)	(토)	(일)	항목별 지출 합계	
			집밥	원
			외식	원
			생활용품	원
			의류미용	원
			병원의료	원
			자동차	원
			교통	원
			휴식여가	원
			취미계발	원
			자녀양육	원
			반려동물	원
				원
				원
				원
원	원	원		원

20⬜년 ⬜월

항목	⬜ (월)	⬜ (화)	⬜ (수)	⬜ (목)
집밥 (주식+부식)				
외식 (외식+배달)				
생활용품				
의류미용				
병원의료				
자동차				
교통				
휴식여가				
취미계발				
자녀양육				
반려동물				
합계	원	원	원	원

(금)	(토)	(일)	항목별 지출 합계	
			집밥	원
			외식	원
			생활용품	원
			의류미용	원
			병원의료	원
			자동차	원
			교통	원
			휴식여가	원
			취미계발	원
			자녀양육	원
			반려동물	원
				원
				원
				원
원	원	원		원

20　　　년　　　월

항목	（월）	（화）	（수）	（목）
집밥 （주식+부식）				
외식 （외식+배달）				
생활용품				
의류미용				
병원의료				
자동차				
교통				
휴식여가				
취미계발				
자녀양육				
반려동물				
합계	원	원	원	원

(금)	(토)	(일)	항목별 지출 합계	
			집밥	원
			외식	원
			생활용품	원
		의류미용	원
		병원의료	원
		자동차	원
		교통	원
		휴식여가	원
		취미계발	원
		자녀양육	원
		반려동물	원
			원
			원
			원
원	원	원		원

20◯◯◯년 ◯◯월 결산

월간 우리집 수입 & 지출	
수입	원
저축(신규 예금 등)	원
지출	원
수입 - 저축 - 지출 = 남은 돈	원

실제 월수입 정리

큰 항목	작은 항목	금액	합계
월급			원
월급 외 고정 수입			원
특별 수입			원
합계			원

실제 월지출 정리

① 생활비		② 고정비		③ 예비비	
집밥	원	관리비	원	경조사	원
외식	원	전기	원	친목	원
생활용품	원	수도	원	여행	원
의류미용	원	가스	원		원
병원의료	원	연금	원		원
자동차	원	보험	원		원
교통	원	적금	원		원
휴식여가	원	핸드폰	원		원
취미계발	원	인터넷	원		원
자녀양육	원	영상구독	원		원
반려동물	원	자녀교육	원		원
	원	렌털	원		원
	원	용돈	원		원
	원	주거	원		원
	원	자동차	원		원
	원		원		원
	원		원		원
	원		원		원
	원		원		원
합계	원	합계	원	합계	원

① + ② + ③ =   원

20   년   월

Memo	일	월	화

수	목	금	토

이번 달 수입 계획하기

큰 항목	작은 항목	금액	합계
월급			원
월급 외 고정 수입			원
특별 수입			원
합계			원

이번 달 예비비 계획하기

큰 항목	작은 항목	금액	합계
경조사			원
친목			원
			원
여행			원
합계			원

이번 달 고정비 계획하기

큰 항목	작은 항목	금액	합계
공과금	관리비		원
	전기		
	수도		
	가스		
연금 보험 적금	연금		원
	보험		
	적금		
전자 통신	핸드폰 요금		원
	인터넷 요금		
	영상 구독료		
교육	자녀교육(학원비)		원
렌털	각종 렌털 요금		원
용돈	부모님, 가족 용돈		원
대출	주거		원
	자동차		
합계			원

20◯◯ 년 ◯◯ 월

항목	◯◯ (월)	◯◯ (화)	◯◯ (수)	◯◯ (목)
집밥 (주식+부식)				
외식 (외식+배달)				
생활용품				
의류미용				
병원의료				
자동차				
교통				
휴식여가				
취미계발				
자녀양육				
반려동물				
합계	원	원	원	원

(금)	(토)	(일)	항목별 지출 합계	
			집밥	원
			외식	원
			생활용품	원
			의류미용	원
			병원의료	원
			자동차	원
			교통	원
			휴식여가	원
			취미계발	원
			자녀양육	원
			반려동물	원
				원
				원
				원
원	원	원		원

20 □ 년 □ 월

항목	□ [월]	□ [화]	□ [수]	□ [목]
집밥 (주식+부식)				
외식 (외식+배달)				
생활용품				
의류미용				
병원의료				
자동차				
교통				
휴식여가				
취미계발				
자녀양육				
반려동물				
합계	원	원	원	원

(금)	(토)	(일)	항목별 지출 합계	
			집밥	원
			외식	원
			생활용품	원
			의류미용	원
			병원의료	원
			자동차	원
			교통	원
			휴식여가	원
			취미계발	원
			자녀양육	원
			반려동물	원
				원
				원
				원
원	원	원		원

20 ◻ 년 ◻ 월

항목	◻ [월]	◻ [화]	◻ [수]	◻ [목]
집밥 (주식+부식)				
외식 (외식+배달)				
생활용품				
의류미용				
병원의료				
자동차				
교통				
휴식여가				
취미계발				
자녀양육				
반려동물				
합계	원	원	원	원

[금]	[토]	[일]	항목별 지출 합계	
			집밥	원
			외식	원
			생활용품	원
			의류미용	원
			병원의료	원
			자동차	원
			교통	원
			휴식여가	원
			취미계발	원
			자녀양육	원
			반려동물	원
				원
				원
				원
원	원	원		원

20◯◯ 년 ◯◯ 월

항목	◯◯ (월)	◯◯ (화)	◯◯ (수)	◯◯ (목)
집밥 (주식+부식)				
외식 (외식+배달)				
생활용품				
의류미용				
병원의료				
자동차				
교통				
휴식여가				
취미계발				
자녀양육				
반려동물				
합계	원	원	원	원

(금)	(토)	(일)	항목별 지출 합계	
			집밥	원
			외식	원
			생활용품	원
			의류미용	원
			병원의료	원
			자동차	원
			교통	원
			휴식여가	원
			취미계발	원
			자녀양육	원
			반려동물	원
				원
				원
				원
원	원	원		원

20 ⬭ 년 ⬭ 월

항목	⬭ (월)	⬭ (화)	⬭ (수)	⬭ (목)
집밥 (주식+부식)				
외식 (외식+배달)				
생활용품				
의류미용				
병원의료				
자동차				
교통				
휴식여가				
취미계발				
자녀양육				
반려동물				
합계	원	원	원	원

(금)	(토)	(일)	항목별 지출 합계	
			집밥	원
			외식	원
			생활용품	원
			의류미용	원
			병원의료	원
			자동차	원
			교통	원
			휴식여가	원
			취미계발	원
			자녀양육	원
			반려동물	원
				원
				원
				원
원	원	원		원

20 년 월

항목	(월)	(화)	(수)	(목)
집밥 (주식+부식)				
외식 (외식+배달)				
생활용품				
의류미용				
병원의료				
자동차				
교통				
휴식여가				
취미계발				
자녀양육				
반려동물				
합계	원	원	원	원

〔금〕	〔토〕	〔일〕	항목별 지출 합계	
			집밥	원
			외식	원
			생활용품	원
			의류미용	원
			병원의료	원
			자동차	원
			교통	원
			휴식여가	원
			취미계발	원
			자녀양육	원
			반려동물	원
				원
				원
				원
원	원	원		원

20   년   월 결산

월간 우리집 수입 & 지출	
수입	원
저축(신규 예금 등)	원
지출	원
수입 – 저축 – 지출 = 남은 돈	원

실제 월수입 정리

큰 항목	작은 항목	금액	합계
월급			원
월급 외 고정 수입			원
특별 수입			원
합계			원

실제 월지출 정리

① 생활비		② 고정비		③ 예비비	
집밥	원	관리비	원	경조사	원
외식	원	전기	원	친목	원
생활용품	원	수도	원	여행	원
의류미용	원	가스	원		원
병원의료	원	연금	원		원
자동차	원	보험	원		원
교통	원	적금	원		원
휴식여가	원	핸드폰	원		원
취미계발	원	인터넷	원		원
자녀양육	원	영상구독	원		원
반려동물	원	자녀교육	원		원
	원	렌털	원		원
	원	용돈	원		원
	원	주거	원		원
	원	자동차	원		원
	원		원		원
	원		원		원
	원		원		원
	원		원		원
합계	원	합계	원	합계	원

① + ② + ③ = 　　　　　　　　　　　　　원

20   년   월

Memo	일	월	화

수	목	금	토

이번 달 수입 계획하기

큰 항목	작은 항목	금액	합계
월급			원
월급 외 고정 수입			원
특별 수입			원
합계			원

이번 달 예비비 계획하기

큰 항목	작은 항목	금액	합계
경조사			원
친목			원
			원
여행			원
합계			원

이번 달 고정비 계획하기

큰 항목	작은 항목	금액	합계
공과금	관리비		원
	전기		
	수도		
	가스		
연금 보험 적금	연금		원
	보험		
	적금		
전자 통신	핸드폰 요금		원
	인터넷 요금		
	영상 구독료		
교육	자녀교육(학원비)		원
렌털	각종 렌털 요금		원
용돈	부모님, 가족 용돈		원
대출	주거		원
	자동차		
합계			원

20　　　년　　　월

항목	(월)	(화)	(수)	(목)
집밥 (주식+부식)				
외식 (외식+배달)				
생활용품				
의류미용				
병원의료				
자동차				
교통				
휴식여가				
취미계발				
자녀양육				
반려동물				
합계	원	원	원	원

(금)	(토)	(일)	항목별 지출 합계	
			집밥	원
			외식	원
			생활용품	원
			의류미용	원
			병원의료	원
			자동차	원
			교통	원
			휴식여가	원
			취미계발	원
			자녀양육	원
			반려동물	원
				원
				원
				원
원	원	원		원

20 ⬭ 년 ⬭ 월

항목	⬭ (월)	⬭ (화)	⬭ (수)	⬭ (목)
집밥 (주식+부식)				
외식 (외식+배달)				
생활용품				
의류미용				
병원의료				
자동차				
교통				
휴식여가				
취미계발				
자녀양육				
반려동물				
합계	원	원	원	원

(금)	(토)	(일)	항목별 지출 합계	
			집밥	원
			외식	원
			생활용품	원
			의류미용	원
			병원의료	원
			자동차	원
			교통	원
			휴식여가	원
			취미계발	원
			자녀양육	원
			반려동물	원
				원
				원
				원
원	원	원		원

20◯◯◯◯ 년 ◯◯ 월

항목	◯◯ (월)	◯◯ (화)	◯◯ (수)	◯◯ (목)
집밥 (주식+부식)				
외식 (외식+배달)				
생활용품				
의류미용				
병원의료				
자동차				
교통				
휴식여가				
취미계발				
자녀양육				
반려동물				
합계	원	원	원	원

(금)	(토)	(일)	항목별 지출 합계	
			집밥	원
			외식	원
			생활용품	원
			의류미용	원
			병원의료	원
			자동차	원
			교통	원
			휴식여가	원
			취미계발	원
			자녀양육	원
			반려동물	원
				원
				원
				원
원	원	원		원

20 ⬭ 년 ⬭ 월

항목	⬭ (월)	⬭ (화)	⬭ (수)	⬭ (목)
집밥 (주식+부식)				
외식 (외식+배달)				
생활용품				
의류미용				
병원의료				
자동차				
교통				
휴식여가				
취미계발				
자녀양육				
반려동물				
합계	원	원	원	원

(금)	(토)	(일)	항목별 지출 합계	
			집밥	원
			외식	원
			생활용품	원
			의류미용	원
			병원의료	원
			자동차	원
			교통	원
			휴식여가	원
			취미계발	원
			자녀양육	원
			반려동물	원
				원
				원
				원
원	원	원		원

20◯◯년 ◯◯월

항목	◯◯(월)	◯◯(화)	◯◯(수)	◯◯(목)
집밥 (주식+부식)				
외식 (외식+배달)				
생활용품				
의류미용				
병원의료				
자동차				
교통				
휴식여가				
취미계발				
자녀양육				
반려동물				
합계	원	원	원	원

(금)	(토)	(일)	항목별 지출 합계	
			집밥	원
			외식	원
			생활용품	원
			의류미용	원
			병원의료	원
			자동차	원
			교통	원
			휴식여가	원
			취미계발	원
			자녀양육	원
			반려동물	원
				원
				원
				원
원	원	원		원

20   년   월

항목	(월)	(화)	(수)	(목)
집밥 (주식+부식)				
외식 (외식+배달)				
생활용품				
의류미용				
병원의료				
자동차				
교통				
휴식여가				
취미계발				
자녀양육				
반려동물				
합계	원	원	원	원

(금)	(토)	(일)	항목별 지출 합계	
			집밥	원
			외식	원
			생활용품	원
			의류미용	원
			병원의료	원
			자동차	원
			교통	원
			휴식여가	원
			취미계발	원
			자녀양육	원
			반려동물	원
				원
				원
				원
원	원	원		원

20⬜⬜년 ⬜⬜월 결산

월간 우리집 수입 & 지출	
수입	원
저축(신규 예금 등)	원
지출	원
수입 - 저축 - 지출 = 남은 돈	원

실제 월수입 정리

큰 항목	작은 항목	금액	합계
월급			원
월급 외 고정 수입			원
특별 수입			원
합계			원

실제 월지출 정리

① 생활비		② 고정비		③ 예비비	
집밥	원	관리비	원	경조사	원
외식	원	전기	원	친목	원
생활용품	원	수도	원	여행	원
의류미용	원	가스	원		원
병원의료	원	연금	원		원
자동차	원	보험	원		원
교통	원	적금	원		원
휴식여가	원	핸드폰	원		원
취미계발	원	인터넷	원		원
자녀양육	원	영상구독	원		원
반려동물	원	자녀교육	원		원
	원	렌털	원		원
	원	용돈	원		원
	원	주거	원		원
	원	자동차	원		원
	원		원		원
	원		원		원
	원		원		원
	원		원		원
합계	원	합계	원	합계	원

① + ② + ③ =   원

뿌미맘 가계부 Gold Edition

초판 1쇄 발행 2023년 1월 4일

지은이 상큼한 뿌미맘 차지선
펴낸곳 ㈜에스제이더블유인터내셔널
펴낸이 양홍걸 이시원

블로그 · 인스타 · 페이스북 siwonbooks
주소 서울시 영등포구 국회대로74길 12 시원스쿨
구입 문의 02)2014-8151
고객센터 02)6409-0878

ISBN 979-11-6150-675-3 13590

시원북스는 ㈜에스제이더블유인터내셔널의 단행본 브랜드
입니다.

독자 여러분의 투고를 기다립니다.
책에 관한 아이디어나 투고를 보내주세요.
siwonbooks@siwonschool.com